The Small Big
台灣特有種

目 次

1

稀有保育類等級的節目，展現台灣特有種風格

台大昆蟲學系助理教授 曾惠芸

現在電視節目為了滿足廣大客群的需求，節目推陳出新，然而除了 Discovery、National Geographic、Animal Planet等國外節目頻道外，與野生動物相關的節目並不多，更不用說台灣自己拍攝、以本土的野生動物為主角的系列節目，更像是所有節目中的「保育類」，稀有且獨特。

還記得2017年接到節目製作人偉智的email，提到公視想做一個台灣特有種的節目，其中一集是有關球背象鼻蟲，當下覺得很開心有這樣的節目，也毫不猶豫的接下這集顧問的協助任務。第一季的台灣特有種要以VR的技術拍攝野生動物，用這樣高難度的技術拍攝一群「不受控」（不會按照腳本走）的野生動物難度是非常高的，也需要攝影團隊極大的耐心與技術。

強大的團隊，取得珍貴的素材

由於用VR拍攝野外的野生動物，後續開始與節目製作團隊有了密切的接觸，每一次的接觸都充滿了驚喜，這個團隊裡的每個人都展現了強大的專業與喜愛野生動物的情感。

節目主持人之一的沁婕，對動物有一種專注與熱愛，一直記得她看到球背象鼻蟲時閃閃發亮的神情。在蘭嶼出外景時，導演晚上和我騎車上小天池，12點下山回到住宿的地方，接著四點一同和攝影團隊至朗島準備拍攝日出、再到永興農場錄音，導演對拍攝的每一個影像與環節都極為要求，細心的和每個團隊成員溝通想法；節目製作與企編從一開始的腳本就

展現了對拍攝物種的了解，拍攝時的每個環節與整體的時間、進度掌控度極佳；節目執行與助理在野外拍攝過程中總能在第一時間預先細心的替所有人準備好需要的東西，拍攝過程需要任何協助總是不怕辛苦的衝在最前面。

在蘭嶼和大家一起出外景時，發現的其他野生動物總是能引起團隊的每個人驚呼連連，大家看到野生動物的感動，相信會一直暖暖的放在心裡，不會被遺忘。

以閱讀讓感動延續

對野生動物的感動是人本質的一部分，透過節目團隊的拍攝成果，相信也會將這樣的感動傳給每一個人。也因為這樣的用心，台灣特有種節目獲得金鐘獎肯定，而接下來，要讓這樣的感動傳承下去，木馬文化將節目內容轉化為有趣的文字與漫畫風格。

從專業的角度看，這本書不僅僅是呈現方式非常吸引人，內容更是科學家們默默努力研究的成果展現；而這些為台灣生態努力的小達人們，更是台灣的希望與亮點，真正的台灣特有種。讓我們期待更多的年輕人展現其特有風格與行動，期待更美好的未來。

我們一起當台灣特有種！

昆蟲擾西 吳沁婕

　　《台灣特有種》是我人生中第一次主持的節目，「第一次主持節目就可以跟這麼棒的團隊合作，真的超級幸運！」這句話大概在我臉書講了100次了吧！

　　一開始製作人偉智拿著企畫書來跟我談的時候，我的確馬上就被這個節目的構想吸引了。認識台灣的特有生態，為保育盡一份力，看見在台灣這個成績至上的氛圍中，升學主義的教育體制下，原來還有這些可以專心投入自己熱情，在各專業生態領域的大孩子們。

　　興奮之餘也擔心著，公視的節目雖然品質有保證，但會不會限制很多？會不會有點無聊？畢竟，自己當youtuber自由自在想怎麼做都可以。後來想想，節目願意找我這樣的人，一個像男生的女生當兒少節目主持人，就是很大的突破了吧！感謝他們的勇氣，那我就來主持看看！

　　然後，我就被製作人和整個製作團隊圈粉了（讓我表白一下）。每一次出外景，都是兩車20人的大陣仗，雙機拍攝，所有細節都不馬虎。節目的腳本是企編構思後，幾位台灣生態領域的專家們，一再諮詢確認才交到我們手上。製作人偉智非常有經驗，也非常認真，卻給我們很大的空間，讓我第一次主持就可以非常安心的發揮自己。

　　每一次的主題，也都讓我學到很多。小達人們帶領著我看見更多台灣的美、台灣遇到的保育問題，我們可以如何出一份力。我第一次看到剪好的一集影片，全身起雞皮疙瘩，那精緻的片頭設計、配樂，超有美感、可愛的小動畫穿插在畫面中的台灣生態裡，感動著自己在這樣的團隊，精心準備的內容被高規格的呈現，這是台灣自製的生態節目啊！是我主持的節目耶！

　　突然覺得那些風吹日晒雨淋都好值得，每一個畫面在我腦中都是這麼的美。

　　而最難忘的，是那些大家一起等待，一起屏息凝神期待的瞬間。池塘邊，一閃即逝蛙腿踢得超帥的貢德氏赤蛙；環頸雉從草叢中點著頭出現；森林中，因為臭死人的製作人大便，而紛紛衝來的糞金龜；在北橫等了一夜收工前，出現讓我們叫到破音的魏氏奇葉螳螂；陸蟹媽媽終於順利走進海中抖動身體讓十萬隻baby游向大海……

　　有一群人，跟你有一樣的熱情，一起為相同的理念，為好的作品而努力。雖然在台灣做電視節目是這麼的辛苦，這麼的吃力不討好，但是這些堅持，得到了很棒的肯定。金鐘獎頒獎那晚，我們在台下喊破了喉嚨，我哭到妝都花了，我們得到了兩座金鐘的肯定，還有很多大小朋友給我們的回饋。

　　「我好喜歡《台灣特有種》，每個禮拜五都期待。」

　　「為了《台灣特有種》，小朋友寫功課特別快。」

　　「我有跟爸爸說，下次開車在山裡要慢一點，看看地上有沒有蛇。」

　　「昆蟲老師我跟你說，我以後也要像特有種的大哥哥、大姐姐一樣。」

　　每一集節目只有30分鐘，但其實還有好多好棒的內容想帶給大家，很多讓我們可以好好想一想，細細咀嚼的，感謝木馬文化把這些用細膩的圖文呈現出來。

　　看書吧！大小朋友們，看書很重要喔！大量的閱讀也是讓我們成為更厲害的人、有力量的人。很重要的一件事，昆蟲擾西驕傲的推薦大家這個超棒節目、超棒的一本書！

一本特有種的書

公共電視節目部經理 於蓓華

　　《台灣特有種》是近年來公共電視所製播，口碑與收視都深受歡迎的兒少節目。製作團隊投入許多資源，為觀眾提供全新觀點，挖掘隱身在山野林間，為自己所愛的生態保育而努力的故事，將年輕人也能擁有的力量，具體展現在螢幕面前。這正是公共電視在兒少節目的經營裡，所肩負的責任：提供台灣的孩子，更多元的觀點、鼓勵孩子有更多的行動。

　　節目裡以最新ＶＲ技術，也是電視節目首先嘗試以全新的視角和敘事方式，呈現生物的生態行為，如此近距離的認識台灣特有種，是公視的一大挑戰，卻也是非常榮幸的過程。

　　當木馬文化將台灣特有種節目從影像閱讀變成一本書，實在令人驚豔不已，不僅將節目中的台灣特有種躍然紙上，還繪製了孩子最愛的插圖，可愛的圖文增添了豐富又幽默的閱讀體驗，相信孩子一定會愛不釋手。

　　書中還增加了許多節目中，囿於長度與影片的流暢而捨棄的知識。例如：標本如何製作、昆蟲分類學是什麼？什麼是原生種、什麼是外來種？賞鳥的配備和方法、什麼是路殺動物？這些小知識的補充，讓這本書更「完整」了。

　　公共電視一直是小朋友、家長和老師信任的頻道，此節目也在許多自然老師和科教館等單位有極佳的口碑。隨著本書的出版，書中還增加了適合讀者一起進行討論的特有種任務，更完整了閱讀後的回饋，因此也很適合老師們作為課堂使用，書中提供了幾個生物專業網站，以及台灣特有種每一集的連結，謝謝木馬文化出版為台灣特有種創造更多的可能。

　　看到木馬文化和公共電視一起努力帶給孩子新視野，實在非常感動，也邀請讀者一起認識台灣特有種！

歡迎加入台灣特有種的行列

木馬文化副總編輯 陳怡璇

　　猶記得在公視頻道觀賞《台灣特有種》第一季播出時，節目中呈現台灣特有種生物的精緻畫面、動人的青少年實踐故事，讓同為兒童、青少年提供閱讀素材努力多年的我，感到驚豔、羨慕：節目除了為「台灣特有種」一詞賦予自然且強而有力的新意義，令人大開眼界的生態紀錄和人物訪談，更是寶貴的素材。

創造3D閱讀體驗

　　影像是流動的，文字卻能為每個讀者逗留。本書除了再現節目的精神與精采畫面外，也讓每位受訪的青少年變身為生態導覽員，為讀者介紹生活在這塊土地上的珍貴物種；以漫畫的形式的介紹物種生態行為，補充適合文字閱讀的知識，配合每個章節，延伸出「特有種任務」，讓每個小讀者以及師長們，能夠有更多運用的素材，深化書中呈現的知識。

行動，是最珍貴的學習歷程

　　「行動」，無疑是讓一切成真的起點。108課綱施行後，所重視的學習歷程，正是鼓勵我們的孩子：擁有知識之外還要行動，在行動的過程中解決問題並調整策略，將這一切整理、反芻，便是獨一無二的學習歷程，而這些青少年的故事，相信會讓大小讀者都深受啟發。

歡迎加入台灣特有種的行列

　　請別忽略書名中的「The Small Big」，在台灣這塊島嶼上，有著豐富多樣的生物，即使看來不起眼、即使數量稀少，都在我們的環境中扮演著珍貴且不可或缺的穩定力量，就如同在台灣島上生活的你和我和他，都是重要的，缺一不可。現在，繼讓我們開啟扉頁，進入台灣特有種的世界吧！ Let's Go！

追鳥成痴的男孩
╳
貓頭鷹界的獵豹

追鳥成痴的男孩

許宸

今年18歲，台東高中三年級，
資深鳥迷。

從賞鳥進化到拍下鳥
的身影。

希望能夠盡自己的力量，像是走上街頭、淨灘或者舉辦攝影展，為鳥兒發聲。

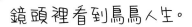

鏡頭裡看到鳥鳥人生。

圖片提供／許宸

圖片提供／許宸

賞鳥到喜歡鳥

「我常幻想自己是一隻鳥，尤其是過境鳥，可以自由自在的飛翔，想去哪裡就去哪裡，看看不同的世界。」我會這麼說，才不是因為貪玩，而是追鳥十年的一些心得。小學三年級之前的我，絕對沒辦法想像，我現在對鳥這麼的熟識。從前，我只是很單純喜歡跑到大自然裡玩，對於動物並沒有特別的興趣。

那我是如何愛上賞鳥的呢？我只能說，這一切都是緣分，就在你沒有任何防備的時候，牠誤打誤撞的闖進生命裡。

命中注定愛上鳥的那天，是爸爸收到鳥會的傳單，心血來潮約我去賞鳥。我也沒多想，只覺得又能往外跑，當然不能錯過。當我看到山谷裡，一群一群的老鷹隨著氣流上升，一起飛向南方，我就被眼前的畫面所感動了。沒錯，從那天起，我就和鳥結下了不解之緣，踏上追鳥的旅途。

追鳥的瘋狂日子

掐指數一數，我愛上賞鳥、喜歡鳥十年了，換句話說截至目前為止，這些鳥事已經占據我一半的生命記憶耶！三千多的日子並非模糊不清、看不清樣貌，而是一椿椿為了追鳥、賞鳥疊加起來的瘋狂事，無論何時

回憶，都是如此令人印象深刻。

　　舉例來說，我曾經在段考前一星期請假，為的不是待在家複習功課，而是跑出去看鳥了。注意喔，是跑出去，不是溜出去。這兩者的差異在於，我是被允許、光明正大出門的。或許你會很好奇，我愛鳥成癡到這種程度，難道爸媽不會反對嗎？

　　其實，我爸也是「共犯」。不過，我承認在段考前去賞鳥，我和爸爸都很猶豫，一邊是考試，一邊是鳥，偏偏這些鳥兒只在特定季節出現，如果因為考試就放棄看牠們的機會，真的太可惜了。是不是很羨慕我能有爸媽的支持呢？

　　台灣目前六百多種鳥類，我已經觀察超過一半了，不過，我想賞鳥帶給我的，不只是看到鳥兒時，心裡會湧出一股熱熱暖暖、難以言喻的感動。更多的是，我跟隨鳥兒的足跡到過許多地方，深刻的認識台灣這塊土地了。

賞鳥要準備哪些東西？

　　賞鳥其實一點也不難，準備以下幾樣東西，就可以和許宸哥哥一樣享受賞鳥帶來的樂趣喔！首先，望遠鏡、鳥類圖鑑絕對不能少，圖鑑詳細記錄每種鳥的特徵、身形和各種訊息，能幫助你更快知道發現了什麼鳥。衣服則需要著長袖、長褲，避免蚊蟲叮咬，也不穿五顏六色的衣服喔。最理想的賞鳥時間則為清晨或傍晚。

爸爸是賞鳥神隊友

　　很開心爸媽支持我，我得以踏實走在賞鳥的道路上。喜歡做一件事情，被支持是一回事，如果還有人陪伴同行，那真的是可遇不可求呢！

　　爸爸是我的賞鳥好夥伴，除了是「慫恿」我考前落跑的「共犯」，也約我天南地北的跑，到處看鳥。這麼說或許有點老派，但這是真的啦，三人行必有我師焉，爸爸剛好就是三個人的其中一個。

　　他對植物還蠻有研究的，就像是一本行走的植物百科。每次出去的時候，他只要看到什麼植物，我就可以知道這邊有什麼鳥出沒；或者，相反的，我發現什麼鳥，他也能以此判斷，這邊會有哪些植物生長。我們就是如此合作無間。

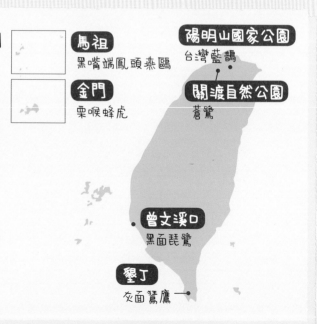

鳥鳥出沒 地點大公開

　　其實，只要用心尋找、觀察，不管在都市或大自然裡，都能看到鳥兒的蹤影，像是白頭翁、綠繡眼、白尾八哥等。鳥兒的種類也會因季節或棲地不同，而有些差異。想賞鳥嗎？快點出發吧！

馬祖
黑嘴端鳳頭燕鷗

金門
栗喉蜂虎

陽明山國家公園
台灣藍鵲

關渡自然公園
蒼鷺

曾文溪口
黑面琵鷺

墾丁
灰面鵟鷹

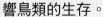
鏡頭裡看到危機

　　這一路賞鳥的過程，我從單純的喜歡賞鳥，到現在喜歡拿著相機拍下鳥，就是希望能透過攝影，記錄下這些鳥類美麗的身影。

　　關於拍鳥，我又有故事可以說了。剛開始，我的攝影裝備沒有很厲害，不是用俗稱「大砲」的專業望遠鏡頭拍攝。可是，問題來啦，人通常和鳥都會相隔一大段距離，沒有專業鏡頭，要怎麼拍鳥？

　　我採用「傻瓜式」拍法，用的是傻瓜相機，鏡頭前接著望遠鏡，這種拍攝方式難度非常高，也非常的克難。但只要能拍到鳥，我什麼都願意嘗試。

　　拍鳥，從傻瓜相機到大砲，不僅僅是設備的進化，也讓我從鏡頭裡，看到了鳥類面臨的一些問題。像是垃圾、外來種，還有人為的破壞，造成棲地縮減，這些都嚴重影響鳥類的生存。

鳥兒的 **生存危機**

一、**人類亂丟垃圾**：以知本溼地為例，這裡曾有人焚燒棄置的家庭垃圾，意外燒死了環頸雉的蛋。

二、**外來種入侵**：以白尾八哥為例，當初人們以為牠能像九官鳥一樣，學人類說話或唱歌，於是從東南亞蘇門答臘、爪哇和馬來半島進口。結果，飼主發現事與願違後，便隨意棄養了。白尾八哥習性兇悍，加上繁衍速度快，嚴重影響台灣原生鳥類的生存。

三、**人為破壞**：知本溼地被劃設為光電廠預定地，這意味著約有兩百種鳥類，將會失去牠們的家園。

為保護鳥類行動

從鏡頭看到鳥世界的問題後,我也經常思考,可以做點什麼事呢?我開始付諸行動。

舉例來說,前兩年知本溼地被劃設為光電廠的預定地。我一想到將近兩百種的鳥兒,牠們的家園危在旦夕,就讓人感到非常氣憤,而我也為此走上街頭抗議。

▲被鳥網勾住的野鴝。

很多人覺得,這跟我平常暖男的形象差很多。說出來你或許不相信,小時候的我,比較內向也不太敢講話,但是為了鳥,我改變很多。沒辦法,我和知本溼地的感情實在太深厚了,它就像是我心頭上的一塊肉,無法割捨。

除了走上街頭,我也號召大家淨灘護鳥。雖然我不知道溼地什麼時候會變成光電廠,但我覺得這邊的垃圾少一天,鳥類的安全就會多一天。

我也舉辦了一個攝影展,透過照片、展場的布置,希望把我從鏡頭裡觀察到的事,讓大家看到,知道鳥類所面臨的危機,以及鳥與環境之間的關係。

鳥兒的危機可不是只有在知本溼地才有,讓我帶你看東方草鴞的生存奮鬥記吧!

貓頭鷹界的獵豹——東方草鴞

我拍了這麼多鳥，但始終沒機會拍到東方草鴞。

圖片提供／曾翌碩

今天來碰碰運氣。

有了、有了，在那裡。

♫ 牽牽手 ♫ 我們一起走，你一生交給我 ♫

喂，等等我啊！

咦？有人在叫我嗎？難道，是我的愛慕者嗎？

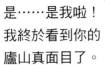

是……是我啦！我終於看到你的廬山真面目了。

伸懶腰

小檔案

草鴞科
體長：34 ～ 42 公分
活動區域：彰化以南的西部平原

真的有像耶！
☑ 剖半的蘋果臉
☑ 長得好像猴子

拍完了沒？那邊有一隻漂亮的草鴞，朝這邊飛過來了耶！

想交女友的
男子 草鴞

唉唷，你急什麼啦！

終於有女孩子願意給我一次求愛的機會，我能不著急嘛！

女主角

長太漂亮就是有這種缺點，飛到哪都有人盯著我看。

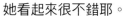

她看起來很不錯耶。

雖然她體型比我大，但在愛情面前，這根本不是問題啊！

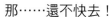

那……還不快去！

Go! Go! Go!

可是……別看我情歌唱那麼順口，其實我內心是個害羞的純情男子漢。

講不出肉麻情話的我，只好用行動來證明我的愛意。

你……叼著老鼠，要幹嘛？你得不到她，就要嚇死她嗎？

恐怖情人？

不不不，我已經擬定好求愛計畫了。

求愛大作戰 　方法一：新鮮野鼠吃飽飽

新鮮老鼠快趁熱吃！

他怎麼知道我餓了！

咕嚕
咕嚕

求愛大作戰　方法二：專屬理毛服務

老婆和我合力用腳，踩踏出一個類似洞穴的空間。

這裡就是我的產房育嬰室了。

繁殖季節

你看，這四隻小毛頭是我們的小寶寶。

產卵後30～32天

哇，恭喜你當爸爸。

不過，說起新手爸媽，一點都不好當。

一點風吹草動都會讓她很緊張。

離我的孩子
遠一點！

為了避免踩到
地雷，我看，
我還是離她遠
一點好了。

你要去哪？
你想落跑？

還蠻豐富的耶！

愛吃鼠類的我們，可說是農民的「活體滅鼠器」。

東方草鴞的菜單

主食

老鼠

點心

昆蟲

蝙蝠

小鳥

野兔

蜥蜴

本來就面無表情

沒辦法啊，在狩獵過程中，我得注意躲避一些可怕的陷阱。

你看起來累到面無表情耶。

農田看起來一片和諧，應該有很多可口的老鼠！

像是這片農田，

四周架設了捕鳥網，如果飛得太低而被網子纏住，就會很難掙脫出來。

救命啊……

被纏住的烏烏

有老鼠耶，GO！

別急。

這……這……，老鼠死翹翹了怎麼辦？

乍看之下，這裡好像有很多獵物，但牠們其實是中毒死亡的老鼠。

走，我們換個地方。

這裡看起來很安全，我們靜靜的埋伏在草叢裡好了。

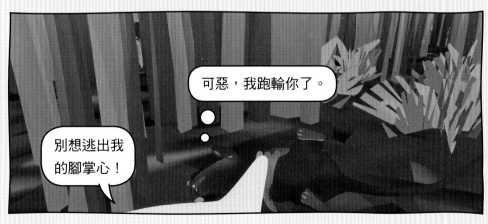

這隻老鼠很肥美喔,快點吃吧!

寶貝,你們看,誰回來了呀?

看著孩子們吃得很開心的模樣,一切辛苦都值得了。

為了讓他們快快長大,我不得不冒著生命危險,再次飛向草原,尋找下一個獵物。

~THE END~

特有種任務 GO!

溼地裡的奇怪事件

　　許宸哥哥在溼地觀察鳥類時，發現了以下的事件，請你一起來想想這跟前面說到的「鳥兒的生存危機」的哪一項有關呢？

① 他在溼地裡發現了廢紙張、輪胎、空罐、寶特瓶等，有的堆在草叢裡，有的浮沉在溼地水塘中。

　　你認為這是鳥兒的哪一項生存危機？

　　應該如何改善這個狀況：

② 他還發現了白尾八哥在追逐大捲尾。

　　你認為這是鳥兒的哪一項生存危機？

　　應該如何改善這個狀況：

③ 他發現有人在溼地施工，把一大塊草地挖了一個大坑。

　　你認為這是鳥兒的哪一項生存危機？

　　應該如何改善這個狀況：

④ 你去過溼地嗎？溼地通常都是怎樣的景象呢？請你畫出來。

東方草鴞爸爸的狩獵準則

住在農農草原上的東方草鴞阿猴的孩子即將長大成人，阿猴寫下生存最重要的一頁——狩獵準則，要給牠的孩子。請你幫忙完成吧！

狩獵重要注意事項

① 太陽下山後才行動。

② 農田裡的食物很多。

東方草鴞的食物以什麼為主？ ＿＿＿＿＿＿＿＿＿＿

為什麼農田裡的食物比較多？ ＿＿＿＿＿＿＿＿＿＿

③ 注意農田邊架設的鳥網。

鳥網的功能是什麼？ ＿＿＿＿＿＿＿＿＿＿

遇到鳥網時，應該要怎麼做？ ＿＿＿＿＿＿＿＿＿＿

④ 農地上躺著的老鼠不要吃。

為什麼？ ＿＿＿＿＿＿＿＿＿＿

⑤ 在草叢中埋伏仔細觀察獵物的動靜，一發現就邁開雙腿追捕。

化石救難小隊長
×
山林裡的獨行客

化石救難小隊長

林義豪 今年19歲，中興大學昆蟲系。
國二時，對化石一見鍾情。熱愛騎著
單車到郊外採集化石。

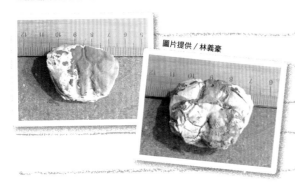

圖片提供／林義豪

人生第一個化石是顆粒
靜蟹化石，採集地點在
大甲溪埔頭附近。

喜歡蒐集大自然的小東西：
螺貝類、鳥羽、礦石、毬果、
各種種子和化石，約有
1300～1400件。

大一時，我在大甲溪埤豐橋南岸下游採集到的鯊魚牙化石，在大甲溪相對罕見，因此印象深刻。

圖片提供／林義豪

彗星扁玉螺化石

夢想是成立一間化石館，
為保存化石盡一份心力。

熱愛尋寶的少年

我們這年紀的熱血青春男子，大多喜歡在球場上揮灑汗水，也或者低頭守著小小四、五吋的螢幕，在另一個虛擬世界裡廝殺；而我的興趣和別人不一樣，真的不太一樣。我從小一開始學圍棋，自此我還蠻享受端坐在棋盤前，苦思下一步、下下一

步、好幾步之後的棋子該下在哪。身邊的朋友都認為我身體裡住著老靈魂。的確，我也不辜負「老靈魂」的稱呼。

除了下圍棋，我也喜歡探索未知的世界。至於，用什麼方式探索呢？老靈魂喜歡老東西，尋找化石是最令我著迷的。它的迷人之處在於，你永遠不知道，今天會挖到什麼，就像是尋寶遊戲，可能是驚喜，也或許什麼都沒有。你知道嗎？只要和我一起去採過化石的朋友，都愛上這種尋寶的樂趣呢！

▲看似無奇的小水漥，也能找到化石。

老東西，大世界

　　我和化石的第一次「親密接觸」是在國二。當時，我在科博館看到許多不同種類的三葉蟲和菊石化石，被它們的外形所吸引，從那之後，我便迷上了化石。

　　不要以為我是個只看外表的人，化石的「內涵」才是真正吸引我的地方呢！它看似不起眼，卻保留很多自然生態的訊息，告訴我們當時的時空背景。仔細想想，這真的是一件有趣的事情，如果沒有這些化石，我們便無從得知以前曾經存在過哪些生物。

　　我熱愛化石，每次出門採集化石，我都是騎單車去。不過，我沒有因為交通工具的限制，而縮小活動範圍，通常一趟路程就是三、四十公里起跳，雖然路途遙遠，我也不會喊一聲累。

挖化石 有方法

　　想在一片灰茫茫的岩層中找到化石，簡直是大海撈針。不過，還是有一些訣竅。

▶ 海膽化石。

❶ 用肉眼觀察，每一塊地都不放過，尋找被沖出地表的化石塊。

❷ 找到之後，在石塊周遭點上快乾膠，讓石塊稍稍變硬。

❸ 在石塊四周畫出敲打範圍，從化石邊緣往外敲，以免誤傷化石。

搶救化石行動

　　不說你們或許不知道，台灣其實每年因為雨水沖刷、地層變動而有許多化石露出地表。這些裸露的化石，如果現在不搶救，時間久了就會風化、崩解。所以，敲化石就是和老天爺競賽。

　　有鑑於此，我最近開始投身搶救化石行動。說到這個，又是另一段辛苦的故事了。還記得那一天，我去尋找鯨魚化石，走過一段顛簸的山路，才走到化石點。不過，那裡雜草叢生，加上風化實在太嚴重了，就算我這個「化石眼」出馬，也難以判斷，只找到了一些疑似殘留的鯨魚肋骨。很可惜的，這些已經沒有採集的價值了。

　　有一次，我和同學騎車到苗栗苑裡尋找植物化石，因為才剛下過雨，途中得穿過野徑，也須留心山壁會不會有落石掉落，我們走得步步驚心。

　　不過，這還不是最艱困的。植物一旦死亡或脫落，很快就會腐爛消失，能形成化石可說是非常稀有。而保存植物化石的質地脆弱，必須仔細觀察石頭紋理，輕輕敲擊。絕大多時候，都是好不容易挖到一塊化石，一不小心它就崩毀了，那種挫折感真的好大。

學習修復化石

　　從野外辛苦帶回來的化石，並非直接收到櫃子裡，還需要花一些工夫清理和修復，才能呈現古生物原本的樣貌。清修化石是一個考驗專注力與細心的過程，稍微閃神可能就會毀了它。因此，看著化石在我巧手之下，越修越漂亮，還原出它原本美麗的樣貌。那種感覺就像是我完成了一件藝術品，超有成就感的耶！

▲修復化石不能急躁，否則欲速則不達。

化石 是怎麼 形成 的？

　　簡單來說，化石是古代生物的遺體或生活痕跡，最常見的有貝殼、骨頭或腳印等等。它的形成是生物死掉之後，被掩埋於泥沙裡，經過數十萬年、百萬年的地層壓力作用，留下堅硬的部分，變成了石頭。

▲我珍愛的寶貝們。

小小收藏也有大貢獻

每次出門，我看到喜歡的東西，就會把它採集回家，像是螺貝類、鳥類的羽毛、礦物、毬果、種子，當然也包含我最愛的化石啊！或許看在一些人的眼裡，這些小東西不屑一顧、毫無價值，只是在家裡堆放沒用的東西。如果真這麼想，誤會可就大了。不起眼的小東西，其實也能稍稍緩解「化石危機」喔，因此我也將一些蒐藏，捐贈給化石博物館（台中市石角國小），讓它可以被永續的保存下去。

看完這一串我和化石相遇相知相惜的故事，你們應該都能感受到我對於化石的愛吧！很瘋狂沒錯，更重要的是，爸媽非常支持我。雖然我出生在醫生世家，他們卻從沒有要求我也要從醫、繼承衣缽的意思。爸爸告訴我：「如果你可以發現，自己這輩子想要走的路，就應該好好努力，讓它發光發熱。」聽完這段話，我便更堅定、更有信心的前進了。

因此，我期待化石能得到更多的社會關注，採集化石不能光靠我個人的力量，團結大家的力量，才能守護化石。每塊化石背後的故事，才能繼續傳承下去。

地震 震出了化石？

　　大甲溪是中部重要的河流，大甲溪石岡一帶的河床因九二一地震之後，地殼抬升一夜之間「長高」十公尺，使得河川產生劇烈下切作用，讓原本鋪滿鵝卵石的河床，露出了岩層，使得深埋在這之下的古生物紛紛露出，是近年來熱門的化石採集區。化石專家曾在這裡發現了遠古象與其他哺乳類化石。

看完之後，是否覺得保存化石很不容易呢？其實山林裡的長鬃山羊也有生存危機，跟我一起去看看吧！

山林裡的獨行客——台灣長鬃山羊

你長得好眼熟喔，好像在哪裡看過。

哪裡來的怪人！

小檔案

牛科

體長：80～114公分

尾長：6～7公分。

活動區域：低海拔至高海拔。

我是長鬃山羊，台灣唯一的野生牛科動物。

圖片提供／游崇瑋

特徵❷
頭上尖尖的角

特徵❶
脖子上黃色的毛

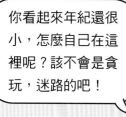

你看起來年紀還很小，怎麼自己在這裡呢？該不會是貪玩，迷路的吧！

這叫獨立！

你在跟誰說話？

你看，這是我剛認識的朋友。

剛好路過

咦，怎麼沒看到你爸媽？

我們向來不是群居的動物，就連媽媽也獨來獨往慣了。所以別問我，我的老爸在哪裡，因為我也沒見過他。

你不要那樣看著我，我不是媽寶。

等到我一歲時，也會自己展開獨立生活，讓媽媽恢復自由身。

耶，我恢復單身了。

一歲就能獨立生活，也太厲害了吧！

為了學會獨立生活的技能，從我三個月斷奶後，媽媽就帶著我探索世界。

其實我和媽媽為了迎接這天的到來，可是花了很多時間準備呢！

跟屁蟲技能一：喝水

我就像個跟屁蟲，模仿著媽媽的一舉一動。

跟屁蟲技能二：吃東西

吃素的我們，幾乎什麼植物都吃。

長鬃山羊的菜單

玉山圓柏

台灣冷杉

台灣鐵杉

過溝菜蕨

玉山小蘗

咬人貓

不過，最愛的還是嫩葉啦！再搭配一些岩石上的鹽分……

吃我吃我！

為什麼你們需要鹽巴？

嗝

當然是補充一些礦物質。有了鹽巴，這就是一頓超美味的大餐嘍！

你其實蠻好養的耶。

呵，是這樣說沒錯啦！

跟屁蟲技能三：分辨有毒植物

不過，像這些有毒的姑婆芋和馬醉木，媽媽總是念我，叫我不許碰。

但是，真的很想吃吃看！

你冷靜一點！

跟屁蟲技能四：宣示地盤

這麼多技能裡，我印象最深刻的是這個⋯⋯

想不到居然是這樣抓癢，確實還蠻舒服的耶！

不是抓癢啦！

是這個，你看到了嗎？

你貼太近，我什麼都看不到了。

我們眼睛下的眶下腺會分泌一種黏液，把它塗抹在樹木和石頭上。就可以用味道告訴別的羊和動物，「這是我的地盤」。

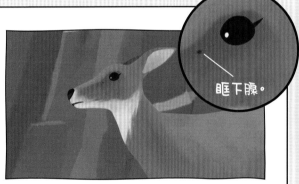

眶下腺。

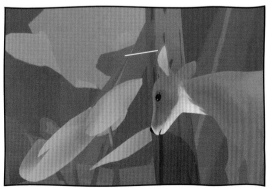

看你爬得這麼輕鬆，能不能教我幾招，說不定以後會用到。

好啦，這祕密我不隨便跟別人說的喔！

我們能輕易走在陡峭的地方，是因為這微微向外突出的蹄，能抓住山壁上的石頭縫隙。

露出腳腳

這裡的風景真的好美，而且視野好遼闊喔！

謝謝你帶我來，不過天色晚了，你快回家吧！我可不想被你媽媽當成奇怪的大哥哥。

我的媽媽早就……

那天，媽媽和我一起到這裡踏青。

一切聽起來都很美好呀，後來發生什麼事？

我原本也是這樣想，沒想到……

爬上來之後，我跟媽媽在吃午餐。

是誰？

警覺性高的媽媽，發現了不對勁。

媽媽，你在跟誰說話？

孩子
快跑！

我媽就這樣被
獵人抓走了。

從那天起，我就獨自面對外面
的世界了。雖然很害怕，但我
要帶著媽媽教給我的智慧，勇
敢的走下去。

~THE END~

特有種任務 GO!

搶救化石大作戰

這幾天下了雨，好不容易等到放晴，義豪哥哥要去山裡搶救化石，快跟著義豪哥哥的腳步一起去尋寶吧。

START

向陽的地方　　潮溼的地方

在石塊表面敲打

沿著石塊紋理側打

石塊容易破碎

沒有化石

有化石

貝類化石　　　植物化石　　　鯨魚化石

在山裡發現貝類化石可以推測出

在山裡發現植物化石可以推測出

在山裡發現鯨魚化石可以推測出

獨立生存技能養成教室

　　台灣長鬃山羊學校即將開設「獨立生存技能養成教室」，長鬃山羊校長正在設計招生的海報，請你一起幫忙完成吧！

想要參加的長鬃山羊寶寶需要一位家長陪同

☐ 長鬃山羊爸爸　　☐ 長鬃山羊媽媽

長鬃山羊寶寶需要滿 ☐ 1個月大　☐ 3個月大　☐ 6個月大

課程內容

辨別採集食物：各種植物辨識、尋找最好吃的植物部位：

　　　　　　　請寫出兩種不能吃的有毒植物：

　　　　　　　如何補充礦物質：

氣味標示地盤：用位在 ☐ 眼眶下 ☐ 肛門附近 ☐ 犄角 的腺體分泌的黏液來標示。

　　　　　　　標示的方法是將黏液塗抹在森林裡的哪些地方？

躲避敵人：運用飛簷走壁的功夫爬上高處

　　　　鍛鍊 ☐ 犄角 ☐ 腳蹄，抓住岩石縫隙的功夫

　　　　訓練 ☐ 平衡感 ☐ 第六感

復育蝴蝶的神力女超人
✕
檫樹上的黑色晚禮服

復育蝴蝶的神力女超人

陳亭予
今年18歲，
中興大學昆蟲系，
熱愛物種：蝴蝶

希望能營造一個適合蝴蝶的家。我相信，那些在台灣消失的蝴蝶，總有一天會回來的。

只要有空,就會和爸爸到處尋找食草。

食草換盆

澆水

在復育基地的日常。

我希望能將蝴蝶的知識告訴大家,所以從國小三年級,就開始在昆蟲館進行導覽解說。

耳濡目染愛上了蝴蝶

　　我喜歡蝴蝶。從我有記憶以來，蝴蝶已經是生活的一部分，就像是空氣、陽光和水一樣。你或許會很好奇，為什麼我和蝴蝶的連結如此緊密？這得「歸功」我的老爸。

　　爸爸從事的工作是噴藥消毒和除蟲。大約是二十幾年前，一個大企業請爸爸幫忙消毒所栽種的玉蘭花。香氣濃郁的玉蘭花上爬滿了毛毛蟲，再強的生命力也不敵藥劑威力，噴藥之後便掉了滿地屍體。爸爸仔細看了發現，這些毛毛蟲很眼熟，似乎在小時候曾經看過。好奇心驅使下，爸爸將毛毛蟲送到學校請教授鑑定。原來，別人眼裡不討喜的毛毛蟲，其實是可憐的小傢伙——綠斑鳳蝶。

　　從那天之後，爸爸為這些小傢伙感到可惜，腦子裡也逐漸萌生了復育蝴蝶的念頭。

復育蝴蝶的契機

以為是害蟲，所以噴藥。

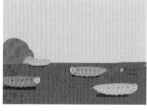

幼蟲不敵藥力，全都死了。

鑑定之後才發現，這是綠斑鳳蝶的小寶寶。

歡迎光臨，蝴蝶的祕密基地

「坐而言不如起而行」，復育蝴蝶對爸爸而言，不僅僅只是念頭，他更化為行動。六年前，爸爸在嘉義中埔買下這座八分多的山地，是我們家的祕密基地，它的任務當然是復育蝴蝶嘍！

這片說大不大，說小不小的山地，爸爸和我可是花了不少力氣呢！別看它現在種滿琳瑯滿目的蝴蝶食草，一片綠意盎然、井然有序的樣子。如果看過最初買下時的樣子，再對比現在，你會訝異這片荒煙漫草，竟然搖身一變成了蝴蝶最愛的「食堂」。

你問，這幾年的辛苦有沒有成績了呢？我想，光是飛來的蝴蝶種類越來越多（保守估計約有一百多種），就足以證明了吧！也不枉費我小時候常常來幫忙拔草了。

▲台灣琉璃翠鳳蝶。

蝴蝶王國，無蝶王國？

大約在 70 年前，當時台灣的蝴蝶數量和種類都很多。那時的南投埔里，更有「蝴蝶小鎮」之稱，整個鎮幾乎以捕蝶為生，也將蝴蝶分等級之後再加工，做成標本、書卡，或者把翅膀當成顏料，貼成一幅畫。此外，每年也約有一千萬隻蝴蝶賣到國外。

後來，人們過度捕捉，加上濫砍濫伐，蝴蝶的棲地越來越少，蝴蝶也跟著變少了。

守護蝴蝶的神力女超人

在蝴蝶飛舞的園子裡工作，乍聽之下似乎是個令人稱羨的事，也很浪漫。或許是如此，曾經有人叫我「蝴蝶公主」。但是，我不得不戳破這夢幻泡泡，因為從事蝴蝶復育，一點都不輕鬆。復育工作到底有那些呢？讓我一件件說給你聽。

我在祕密基地裡，主要的工作是澆水，還有幫這些食草換盆。因為復育蝴蝶最重要的就是，創造一個很良好的棲地。而這些棲地，並非食指一彈就能變出來的。除了照顧這些食草之外，平時我也會跟爸爸一起到山上尋找食草。搬重物更是復育工作的日常，其實連男生都吃不消呢！與其叫我「蝴蝶公主」，我倒覺得「神力女超人」比較符合我的形象。

觀察蝴蝶 要注意哪些事？

捕捉蝴蝶的重要原則，除了必須使用柔細的絹網外，也不要過度揮動而打傷蝴蝶。

近距離觀察時，得輕抓蝴蝶的軀幹。蝴蝶翅膀上的鱗粉具防水、隱蔽及調節溫度等功能，輕輕抓才能避免鱗粉脫落。

尋找食草，不怕累

　　說到找食草，也是滿大的挑戰。蝴蝶的食物無法像人類一樣，去一趟傳統市場或賣場，就能買到各種糧食。想摘採到適合蝴蝶的食草，並不容易。首先，是地點。為了避免蝶區混亂，我們要尋找的食草，必須鄰近復育基地的海拔高度及經緯度。

　　接著是種類。祕密基地缺少賊仔樹和刺蔥，你問為什麼非得找這兩種植物呢？因為約有十二種蝴蝶非常喜愛呀！

刺蔥

賊仔樹

▲刺蔥。

　　只是，真正的挑戰還在後頭。賊仔樹和刺蔥往往生長在峭壁和崩塌地。前往崩塌地困難重重，一開始是高難度的垂降溪床，垂降的山路布滿溼滑的枯葉。下到河床後，沿著河道步行一個多小時，有時候還必須涉水。

　　這殘破的崩塌地幾乎沒施力點，而且因為土石鬆滑，邊攀爬還得注意隨時滾落的石頭。這真的很危險，也非常累人。沒錯，這樣像是攀岩，在幾乎接近垂直的山崩地上尋尋覓覓，也是復育蝴蝶的基本功之一。

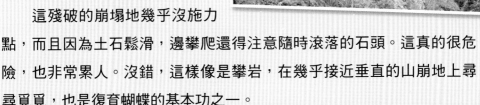

小毛毛蟲變蝴蝶

　　在成長的過程中，很慶幸家人都支持我做這些事。我覺得自己就像隻蝴蝶的幼蟲，在成長過程中，會遇到許許多多的困難。但是，我無所畏懼，我願意接受這些挑戰，並期許自己未來能破繭而出，成為一隻活得燦爛的蝴蝶。

　　和其他人相比，我很快就找到自己人生的目標。而我會這麼迫切確立自己的方向，其實還有一個原因。我從小看著爸爸，在做棲地營造的工作，每天爬高爬低，搬好幾十公斤的盆栽，其實很累很操勞，我也很心疼他。所以，我從那時起就有一個願望，希望能趕快長大，快獨當一面，當爸爸的接班人。

過冬的 紫斑蝶

　　每年十一月到隔年三月，約有 10 ～ 20 萬隻的紫斑蝶飛到高雄茂林過冬，直到春天回暖時才會北返，一路從茂林往北飛，經過月世界、嘉義、雲林、彰化八卦山、台中大肚山、苗栗火焰山，再到新竹竹南。為了讓紫斑蝶安全北返，國道甚至會封閉部分車道呢！

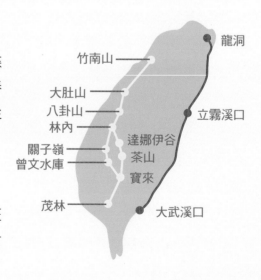

龍洞
竹南山
大肚山
八卦山
林內
立霧溪口
達娜伊谷
關子嶺
茶山
曾文水庫
寶來
茂林
大武溪口

為什麼 復育蝴蝶 很重要？

　　復育蝴蝶很重要，因為牠們是生態系統裡最底層的動物，同時也是其他動物的食物。如果蝴蝶消失了，以牠們為食的蜘蛛、石龍子和鳥類，可能都會因此受到牽連，而逐漸消失殆盡。

　　不過，復育蝴蝶並非只是找塊地，種些食草和蜜源植物而已。在這之前，必須了解復育地區的原始生態體系，還原環境和植物生長，才能提供蝴蝶適當的棲地環境。

讀完我復育蝴蝶的故事，想要認識更多嗎？深山裡，穿著神祕黑色禮服的台灣寬尾鳳蝶正等著你唷！

檫樹上的黑色晚禮服——台灣寬尾鳳蝶

這裡有什麼新鮮的食草呢？

咦？這該不會是……

ZZZ

一大早鬧哄哄，吵得我不能睡覺了。

沒錯，我是台灣限定，外表最最時尚的台灣寬尾鳳蝶。

我真的很美，對吧！

遇到你的機率比中樂透還低耶！

好吧，那讓我來介紹一下台灣寬尾鳳蝶吧！

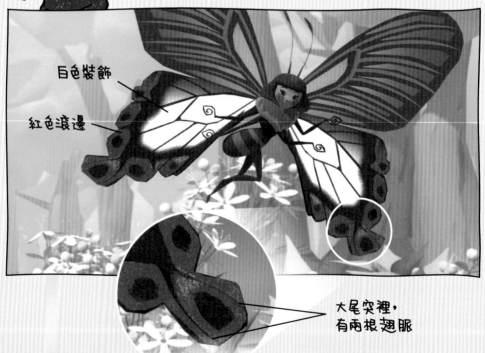

你長得跟照片一模一樣，真的真的好美。

小檔案

鳳蝶科

別名：夢幻之蝶

身長：成蟲展翅 9.5 ～ 10 公分，雌蝶體
　　　型略大。

斑紋：雌雄斑紋相同。

棲地：台灣中北部海拔 1000 ～ 2000 公
　　　尺木林區。分布廣但數量極稀少。

圖片提供／呂晟智

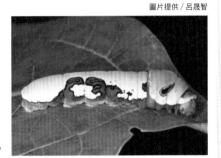

圖片提供／游崇瑋

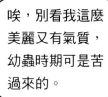

唉，別看我這麼美麗又有氣質，幼蟲時期可是苦過來的。

發生過什麼事呀？

走，我帶你去看看我出生的地方。

打從一出生，我就是沒爸媽的孤兒。

生完，結案！

我媽在一片晒得到太陽的大葉子上，生下一顆卵就飛走了。

這也種下我宿命的一生。

什麼樣的宿命？

我害怕以後會沒有東西吃。

我記得你的食草是……台灣檬樹。

是啊，檬樹跟我一樣數量超極稀少。

我還沒介紹完，快認真聽啦！

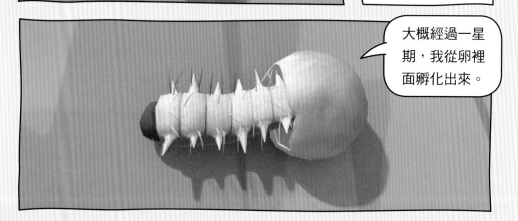

大概經過一星期，我從卵裡面孵化出來。

你沒看錯，這顆鳥屎就是我。

不許你這樣笑我，要不是有這麼強大的偽裝術，我早就被鳥吃掉了。

那邊有吃的！

嘖，我看錯了。

我是鳥屎、我是鳥屎。

每隔五到十天，我脫一次皮，就會長大一點。

脫皮兩次，我就會去蓋房子嘍！

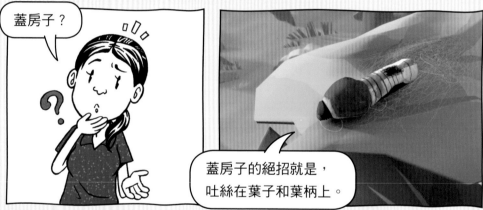

蓋房子？

蓋房子的絕招就是，吐絲在葉子和葉柄上。

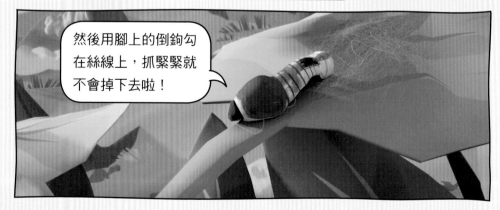

然後用腳上的倒鉤勾在絲線上，抓緊緊就不會掉下去啦！

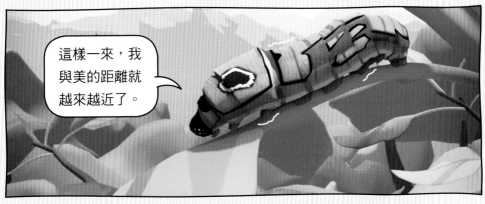

等到脫了四次皮，當了三十幾天的毛毛蟲之後。

我終於可以去化蛹了。

你們台灣寬尾鳳蝶這……麼少，有沒有什麼生存絕招？

當然嘍，為了爭取生存權，我們不會一起羽化。

有的十七天，有的三百多天。這樣即使某年鬧飢荒，我們也可以活下去。

春

秋

冬

現在你們才能看到蝴蝶圈裡，顏值擔當的我。

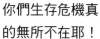

你們生存危機真的無所不在耶！

對啊，所以我決定去檫樹那裡等待，我的 Mr. Right。

在繁殖期間，男孩們會到溪邊吸水。

女孩只需要在檫樹等待，男孩吸滿飽飽的礦物質後，就會出現，

等愛的女孩

就可以就近產卵了。

怎麼又來了一坨紅色的，不要抓我。

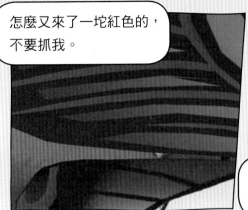

這神祕的黑色點綴著白，難道是來追我的？

小姐，你在等人嗎？

掰掰，我們下次見。

呵呵，來追我呀。

~THE END~

特有種任務 GO!

布置我的小小蝴蝶復育區

　　喜歡蝴蝶的阿寬想要學亭予姐姐，在家中的陽台布置一個小小蝴蝶復育區，請你幫忙一起將這個任務完成吧！

1 準備蝴蝶幼蟲喜歡的食草和蜜源植物

　　我想準備：＿＿＿＿＿＿植物，吸引＿＿＿＿＿＿蝶來產卵。

　　我想準備：＿＿＿＿＿＿植物，吸引＿＿＿＿＿＿蝶來吸食花蜜。

2 請畫下小小復育區的布置設計

神祕台灣寬尾鳳蝶現身！

亭予姊姊研究追蹤台灣寬尾鳳蝶許久，拍攝到了下面幾張照片，請根據照片上的外觀和行為，填上數字 1-6，排列出台灣寬尾鳳蝶的生命階段。

發現地點：檫樹樹葉上

外觀描述：像一顆屎，體長大約0.3公分。

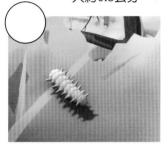

發現地點：離地面不遠的樹幹上

外觀描述：褐色，以絲線固定在樹幹上。

發現地點：檫樹較隱蔽的葉片上

外觀描述：身體翠綠色，體長大約4.7公分。

發現地點：檫樹樹葉上

外觀描述：更像一顆鳥屎，體長大約2公分在靠近葉柄的葉表面發現幼蟲吐絲做成的小房子。

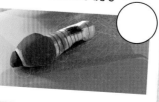

發現地點：溪水邊地面上

行為描述：成群在地面上吸水。

發現地點：長時間待在絲做成的小房子，吃東西時才離開

外觀描述：身體變成紫色和灰白色，較少活動。

生態捍衛戰士

×

慢活的微笑高山精靈

生態捍衛戰士

林彥辰
今年17歲，
就讀內湖高中二年級，
熱愛物種：青蛙。

翡翠樹蛙

莫德氏赤蛙

布氏樹蛙

我希望成為青蛙棲地的捍衛者，讓越來越多活生生的動物和青蛙，出現在我眼前，而不是死板的出現在圖鑑上。

圖片提供 / 林彥辰

我興趣很多，宜靜宜動，喜歡小動物，喜歡攝影，也喜歡手做。

呱呱呱，愛講話

　　有些人對於熱愛動物、生態的人，都有一點點的誤解，總覺得他們只喜歡和動物「溝通」，而面對人類時，就顯得沉默寡言，或者不擅於表達。嗯……我只能說，這是偏見，也是標籤。如果想把這標籤貼在我身上，其實一點也不適用。

　　我覺得我的個性就像青蛙一樣，醒著的時候，嘴巴就會呱呱呱的動個不停，很愛講話。連媽媽也認為，既然我這麼愛說話，應該多多益善，分享一些更有意義的事情，而不只是「說話」。仔細想想，媽媽說的的確有道理。因此，我從國小五年級就開始發揮「長才」，去當歷史導覽員。

　　但有一點得說清楚，歷史導覽員可不是愛講話，想當就能當的。這養成之路，得從我小時候的學習環境講起。嘿嘿，說出來你可能會很羨慕，簡單來說，我們一家人都很愛玩。我還滿勇於嘗試、體驗新鮮的事物，

▲擔任台北探索館文化志工導覽。　圖片提供／林彥辰

像是研究昆蟲、小動物，或者讀歷史、拍拍照、製作飛機模型等等，還有一些手作課程。媽媽不但不會阻攔我，還非常鼓勵我什麼都玩，什麼都試試看。

圖片提供／林彥辰

　　我也很喜歡看推理小說，因為可以和主角隨著劇情的推展，思考疑點在哪裡，兇手是誰，等到真相大白的時候，是非常有成就感的。愛推理的個性，也讓我凡事都要追根究柢。像是班上前一陣子有螞蟻出沒，但是大家櫃子裡根本沒放食物，這螞蟻從哪裡冒出來的呢？大家百思不得其解時，我也沒放棄。我沿著螞蟻行走的路徑，一直找一直找，發現螞蟻聚集在某個同學的櫃子上，順利解決了班上的蟲蟲危機。

▲最近飼養的小動物——鬃獅蜥。
圖片提供／林彥辰

都市裡的自然孩子

　　這樣細數下來，你會發現我的興趣還真不少。不過，生態依舊是我關注的事情排行榜第一名。不要看我在台北出生、長大，就以為我是個「台北俗」，拜我家隔壁的木柵公園所賜，這裡超級豐富的生態環境，讓我有機會在都市叢林裡，也能時常走進大自然。如此一來，我總夠格說自己是在大自然裡長大的小孩吧！

　　也因為這樣子的機緣，老天爺似乎在冥冥之中有些安排，讓我和青蛙成了好朋友。我永遠沒辦法忘記，第一次和台北樹蛙接觸的那種感動。那一年冬天，就有一隻台北樹蛙跳到我手上，一直爬來爬去，真的超級可愛。我從沒想過，原來可以這麼近距離的和動物接觸。

　　在所有生物中，我最喜歡青蛙的氣質。因為牠總是給人親近的感覺，卻又保有一點神祕感，就像我們常常聽到青蛙的叫聲，卻又找不到牠在哪裡。

　　在家人的支持下，我能不被設限的嘗試各種事物。直到上了高中之後，有了智慧型手機，而抓寶遊戲正風靡全球，我一個不小心，也跟著沉迷，抓的寶越多，成績就掉的越多。眼看自己玩物喪志，便跟媽媽商量換回「智障型」手機。或許會有人捨不得，但對我而言，目標是考進昆蟲系或森林系，成績勢必不能太差，否則和生態的距離，就會越拉越遠了。

保衛蛙蛙的家園

近年來，我發現蛙類有越來越少的趨勢，而這些小可愛面臨的生存難題，和牠們族群的數量成反比，越來越多了。

其實青蛙是種很敏感的生物，像是走進牠們生活的地方，只要一點點動靜，牠們就會立刻跳走。還有像是之前，我家旁邊有一個大工程，轟隆隆持續了一段時間，完工之後，我去看這些住在水管裡的老朋友時，也早就「蛙去管空」了。

我有志於青蛙保育，絕對不是說說而已喔。從國中開始，我便擔任萃湖的保育志工。保育志工主要有兩樣任務，一是移除外來種，二是抑制優勢種。

萃湖有非常多的福壽螺，沒錯就是那最人為熟知的外來種，產在田埂邊、池邊的粉紅色卵塊，便是牠們入侵的標誌。福壽螺一年能產下八千～九千顆卵，繁殖速度十分驚人。再加上牠們吃掉原生種的水生植物後，青蛙便無處可躲了。

萃湖 在哪裡？

位於台北市木柵公園裡，這裡是黃緣螢的棲息地，然而受到任意棄養的外來種生物、植物，以及泥沙淤積影響，使得螢火蟲數量越來越少。近年，逐漸受到重視而復育有成。

▲福壽螺及牠的卵塊。

　　萃湖裡的外來訪客不只福壽螺一種，還有泰國線鱧。唉，牠們會出現在台灣，也都是因為人啊！牠們生性凶悍，擁有驚人的繁殖能力、成長速度極快，已經排擠了台灣本土魚類、蛙類等水棲動物的生存空間。

　　和萃湖初次見面的人，總會被這一片綠意盎然環繞所吸引。但是，你知道嗎？對青蛙來說，或許不是一件好事。怎麼說呢？湖面上綠油油一片，意味著藻類生長過剩，它們不僅遮蔽了陽光，消耗水中的氧氣，更會壓縮到其他原生植物的生存空間，接連影響到昆蟲和食物鏈中更高級的動物呢！

泰國線鱧怎麼到台灣的?

　　泰國線鱧肉質鮮美因而被引進台灣，然而人為的不當放養，使得牠們在野外成了強勢魚種。

為了食用，引進台灣。　被人類不當放養。

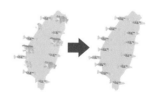

成為野外的強勢魚種。

在生態之前，不能放肆！

認識我的人都知道，我是個超級樂觀，覺得其實沒什麼需要煩惱的事情，一派的樂天活潑。唯一的例外，就是生態保育上吧。我在面對這件嚴肅的事情上，也有無法跨過的底線喔。記得有一次螢火蟲季，有兩三個拿著手電筒，站在木棧道上，尋找螢火蟲的蹤影。我深怕手電筒發出來的光害會影響螢火蟲求偶，便急著制止。

圖片提供／林彥辰

付諸保育行動不容易、很辛苦，我也正在學習。不過，換個角度想，每個人都盡一份心力，讓環境維持平衡的狀態，其實保育就已經開始了。

夜間觀察 可不可以開燈？

夜間觀察時，手電筒是必備的工具之一，可以確保自己腳下的安全，也避免誤踩小動物。觀賞螢火蟲時，可在手電筒外罩上紅色玻璃紙，降低光害對牠們造成的影響。切記，也不能拿手電筒直接照射喔！

我熱愛青蛙，而山林裡也有一種兩棲類動物萌萌惹人愛，去看看觀霧山椒魚吧！

慢活的微笑高山精靈——觀霧山椒魚

嘿，誰來幫我把石頭搬開？

好像聽到有人在跟我說話。

這邊啦！

不是那顆，是有青苔這一顆。

到底在哪呀？

來，再蹲低一點。

嘿咻！

小檔案

山椒魚科
體長：約10公分
棲地：雪山山脈西北部，
　　　海拔約1500公尺以
　　　上的山區。

喔⋯⋯原來是你呀，小可愛。

黑色滑溜的皮膚

布滿細小的白點

難得遇到國寶級特有種，你能不能介紹一下你自己呀？

我的名字雖然有魚，可是我和青蛙一樣，都是兩棲類，只是我有尾巴，青蛙沒有。

台灣的山椒魚

圖片提供／巫奇勳

觀霧山椒魚
棲地：雪山山脈西北部，海拔約
　　　1500公尺以上的山區。

圖片提供／巫奇勳

南湖山椒魚
棲地：中央山脈北段，海拔約
　　　3200公尺以上的山區。

圖片提供／巫奇勳

楚南氏山椒魚
棲地：中央山脈中段，海拔約
　　　2600公尺以上的山區。

圖片提供／巫奇勳

台灣山椒魚
棲地：中央山脈中段、中北段及
　　　雪山山脈，海拔約2300公
　　　尺以上的山區。

阿里山山椒魚
棲地：玉山、阿里山及中央山脈南
　　　段，海拔約1800公尺以上的
　　　山區。

圖片提供／李昱

起霧了，而且開始覺得有點冷。

會嗎，我覺得這溫度剛剛好耶！

宅宅的我一輩子待在雪山山脈西北側一帶，這條溪潮溼涼爽，很適合怕熱的我們居住。

想像自己還在水裡

我最愛躲在石頭底下的小空間。

難怪，我在石頭下找到你。

你走路真的有點慢耶，難怪大家都笑你是慢郎中。

所以，我平常能不動就不動。

那肚子餓怎麼辦？你看，有蚯蚓。

有獵物經過我面前，才會抓來吃。

這是什麼佛系的獵食法？

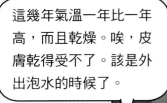

這幾年氣溫一年比一年高，而且乾燥。唉，皮膚乾得受不了。該是外出泡水的時候了。

喂，怎麼走路走到一半就停了，你是馬路三寶喔？

急停

嘶 嘶 嘶

有……有蛇！

頭號天敵——史丹吉氏斜鱗蛇

很入戲

可惡，失策。

看我使出大絕招！

哼哼，舔到了我分泌的
嗆辣毒液了吧！

危機解除

好噁心。

吐

只有到了冬末春初，我們才會舉辦聯誼派對，勉強來個幾十公尺的溯溪之旅。

今年怎麼多了好多垃圾，臭死了。

水的顏色也好可怕。

好不容易終於到了
辦派對的水潭。

今年來參加的同伴
好像變少了。

不過，對手變少，
我才有機會啊！

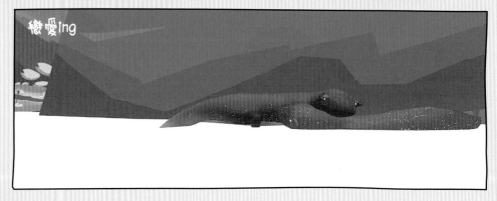

戀愛Ing

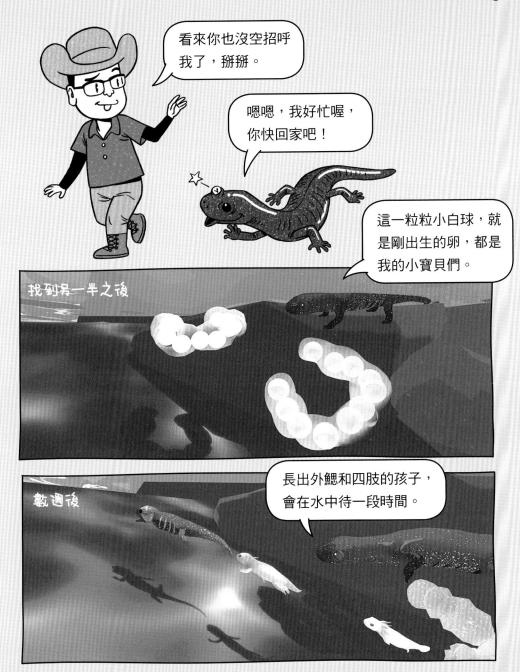

等到變態後,孩子們就會上岸展開新生活。

可是,幸福美滿的日子很短暫。

那天,我和幾個小屁孩正討論要去哪裡玩。

呀呼,終於上岸了。

要去哪裡玩?

下雨哪都不能去了啦！

雨越下越大是怎麼回事？

特有種任務 GO!

水塘大調查

　　小萍來到一處水塘，發現這水塘的水面布滿了卵萍，水裡長滿金魚藻，請參考彥辰哥哥的保育工作，想一想這是怎麼一回事呢？

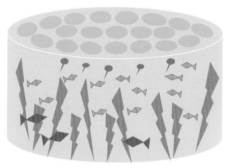

代表10000個卵萍

代表100根金魚草

❶ 這個水塘裡的生物很少，為什麼呢？

❷ 這個水塘的生態是平衡的嗎？

　　☐　平衡，為什麼？

　　☐　不平衡，為什麼？

❸ 假設這個水塘的生態不平衡，你認為應該做哪些事情改善呢？

兩棲類派對

　　森林裡舉辦兩棲類派對，不符合資格的不能入場，請你來把關，看看下面哪些生物可以參加派對呢？請在這些生物符合描述的格子裡畫 ✓，不符合的畫 ✗。

	青蛙	山椒魚	鱷魚
可以同時住在水裡和陸地			
皮膚需要保持濕潤			
住的地方不能離水太遠			
小時候用鰓呼吸，長大用肺呼吸			

你知道誰可以進入兩棲類派對了嗎？

從「台灣特有種」學核心素養

　　各位大小讀者在讀完這本特有種的書之後，除了完成特有種任務，想想看你有什麼收穫或感想呢？你喜歡誰的故事，有特別熱愛的物種嗎？你一定發現這本書的內容非常豐富，不僅**扣合國中、小的生物、自然課程，也和社會、公民領域及國際觀息息相關**，12年國教的重要任務，就是培

核心素養		12年國教 19項重要議題	追鳥成痴的男孩 × 貓頭鷹界的獵豹	化石救難小隊長 × 山林裡的獨行客
核心素養	自主行動	★性別平等教育		
		★人權教育		
		★環境教育	✔環境教育	✔環境教育
		★海洋教育		
		安全教育		✔安全教育
		國際教育		
	溝通互動	科技教育	✔科技教育	
		資訊教育		
		能源教育	✔能源教育	
		品德教育		
		生命教育	✔生命教育	✔生命教育
		法治教育		
		家庭教育	✔家庭教育	✔家庭教育
		防災教育		
	社會參與	生涯規劃教育	✔生涯規劃教育	✔生涯規劃教育
		多元文化教育		
		閱讀素養	✔閱讀素養	✔閱讀素養
		戶外教育	✔戶外教育	✔戶外教育
		原住民族教育		

養每個孩子的「核心素養」，想想看，這些參與保育行動的大哥哥大姊姊有沒有具備這些能力，你可以向他們學習什麼？你又可以加強什麼呢？

　　表格下方列出12年國教希望每個人都能涉獵和重視的19項重要議題，這裡整理出書中的八個單元各自涵蓋的領域，相信這本書能帶給你豐富的知識和收穫，擠身台灣特有種的行列！

復育蝴蝶的神力女超人 × 樟樹上的黑色晚禮服	生態捍衛戰士 × 慢活的微笑高山精靈
✔環境教育	✔環境教育
✔安全教育	
	✔科技教育
✔資訊教育	✔資訊教育
✔品德教育	✔品德教育
✔生命教育	✔生命教育
✔家庭教育	
✔生涯規劃教育	✔生涯規劃教育
	✔多元文化教育
✔閱讀素養	✔閱讀素養
✔戶外教育	✔戶外教育

特有種網站

　　看完這些台灣特有種的人、事、物，是不是還意猶未盡呢？如果想看《台灣特有種》生動的影像播出，可以掃描以下QR CODE，就能看到更多喔！除了節目之外，這裡也整理出許多專業的網站，提供大家自學或掌握生物資訊。

◆公共電視《台灣特有種》節目

東方草鴞

台灣長鬃山羊

台灣寬尾鳳蝶

觀霧山椒魚

中華穿山甲

中華白海豚

擬食蝸步行蟲

翠斑草蜥

需先登入會員（免費加入）

◆生物研究相關網站、臉書社團

特生中心台灣生物
多樣性網站

2020生物多樣性超級年

林務局森活情報站

台灣蝴蝶保育學會

屏科大鳥類
生態研究室

Ecology＆Evolution translated
「生態演化」中文分享版

兩棲爬行動物研
究小站

野生動物急救站

昆蟲擾西
吳沁婕

小劇場時間

小劇場開演了！現在請你化身導演，將漫畫加上對話，塗上顏色或添加自己心中的畫面，創造屬於你自己的特有種小劇場吧！

你還認識其他鳥類的特有種嗎？
畫下來或是找到牠們的照片，為牠們製作專屬的小檔案吧！

你還認識其他哺乳類的特有種嗎？
畫下來或是找到牠們的照片，為牠們製作專屬的小檔案吧！

你還認識其他蝴蝶的特有種嗎？
畫下來或是找到牠們的照片，為牠們製作專屬的小檔案吧！

你還認識其他山椒魚的特有種嗎?
畫下來或是找到牠們的照片,為牠們製作專屬的小檔案吧!

DIY時間

　　讀完之後，你最喜歡哪一隻特有種生物呢？接下來，換你動動手剪下紙模型，做出專屬的伴讀小精靈吧！

步驟一

為特有種生物塗上喜愛的
顏色。

步驟二

沿線剪下紙模型。

步驟三

虛線處往內折。

步驟四

黏貼後，就完成啦！

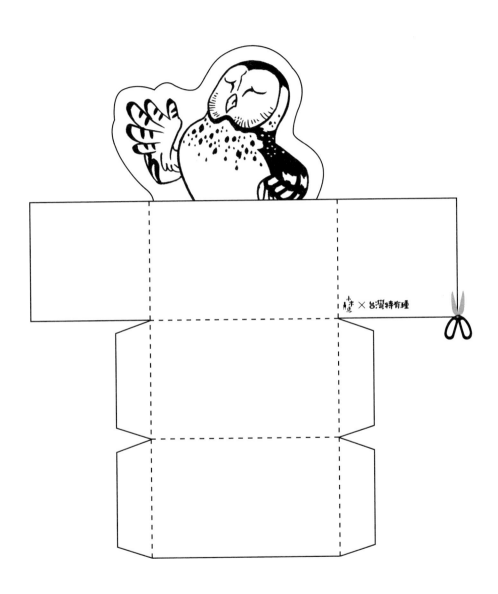

小將 × 台灣特有種

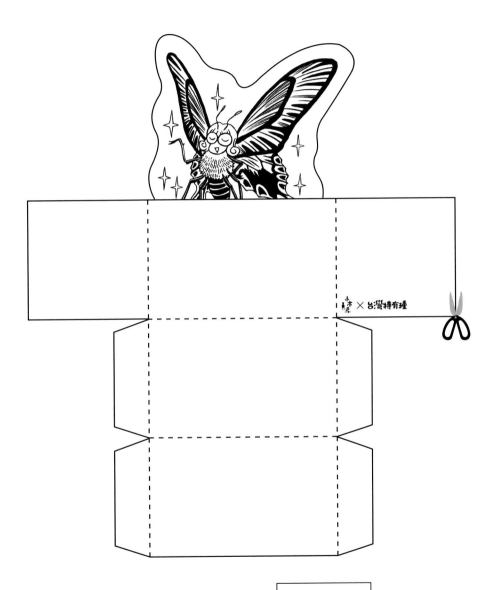

掃描QR code可以
得到更多特有種
生物唷！

解 答 （答案僅供參考）

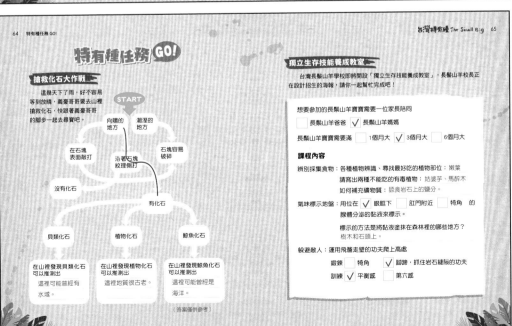

特有種任務 GO!

溼地裡的奇怪事件

許宸哥哥在溼地觀察鳥類時，發現了以下的事件，請你一起來想想這跟前面說到的「鳥兒的生存危機」的哪一項有關呢？

① 他在溼地裡發現了廢紙張、輪胎、空罐、寶特瓶等，有的堆在草叢裡，有的浮沉在溼地水塘中。

你認為這是鳥兒的哪一項生存危機？ 人類亂丟垃圾

應該如何改善這個狀況： （請自由發揮）

② 他還發現了白尾八哥在追逐大捲尾。

你認為這是鳥兒的哪一項生存危機？ 外來種入侵

應該如何改善這個狀況： （請自由發揮）

③ 他發現有人在溼地施工，把一大塊草地挖了一個大坑。

你認為這是鳥兒的哪一項生存危機？ 人為破壞

應該如何改善這個狀況： （請自由發揮）

④ 你去過溼地嗎？溼地通常都是怎樣的景象呢？請你畫出來。

（請自由發揮）

東方草鴞爸爸的狩獵準則

住在農場草原上的東方草鴞阿狼的孩子即將長大成人，阿狼寫下生存最重要的一頁——狩獵準則，要給牠的孩子。請你幫忙完成吧！

狩獵重要注意事項

① 太陽下山後才行動。

② 農田裡的食物很多。

東方草鴞的食物以什麼為主？ 老鼠

為什麼農田裡的食物比較多？ 因為農作物是老鼠的食物。

③ 注意農田邊架設的鳥網。

鳥網的功能是什麼？ 捕捉鳥類，讓鳥類不能吃農作物。

遇到鳥網時，應該要怎麼做？ 應該飛高一點，越過鳥網。

④ 農地上躺著的老鼠不要吃。

為什麼？ 牠們都是被毒死的。

⑤ 在草叢中埋伏仔細觀察獵物的動靜，一發現就邁開雙腿追捕。

特有種任務 GO!

搶救化石大作戰

這幾天下了雨，好不容易等到放晴，義輝哥哥要去山裡搶救化石，快跟著義輝哥哥的腳步一起去尋寶吧。

START

向陽的地方　潮溼的地方

在石塊表面敲打　沿著石塊紋理側打　石塊容易破碎

沒有化石　　有化石

貝類化石　植物化石　鯨魚化石

在山裡發現貝類化石可以推測出　這裡可能曾經有水域。

在山裡發現植物化石可以推測出　這裡地質很古老。

在山裡發現鯨魚化石可以推測出　這裡可能曾經是海洋。

（答案僅供參考）

獨立生存技能養成教室

台灣長鬃山羊學校即將開設「獨立生存技能養成教室」，長鬃山羊校長正在設計招生的海報，請一起幫忙完成吧！

想要參加的長鬃山羊寶寶需要一位家長陪同

☐ 長鬃山羊爸爸　　✓ 長鬃山羊媽媽

長鬃山羊寶寶需要滿 ☐ 1個月大　✓ 3個月大　☐ 6個月大

課程內容

辨別採集食物：各種植物辨識、尋找最好吃的植物部位： 嫩葉

請寫出兩種不能吃的有毒植物： 姑婆芋、馬醉木

如何補充礦物質： 舔食岩石上的鹽分。

氣味標示地盤：用位在 ✓ 眼眶下 ☐ 肛門附近 ☐ 犄角 的腺體分泌的黏液來標示。

標示的方法是將黏液塗抹在森林裡的哪些地方？ 樹木和石頭上。

躲避敵人：運用飛簷走壁的功夫爬上高處

鍛鍊 ☐ 犄角　✓ 腳蹄，抓住岩石縫隙的功夫

訓練 ✓ 平衡感　☐ 第六感

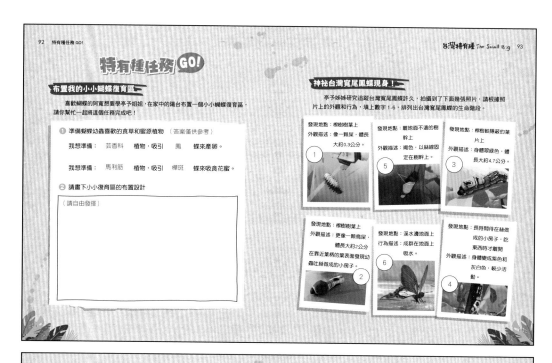

92　特有種任務GO!

台灣特有種 The Small Big　93

特有種任務 GO!

布置我的小小蝴蝶復育區

喜歡蝴蝶的阿寬想要學亭予姐姐，在家中的陽台布置一個小小蝴蝶復育區，請你幫忙一起將這個任務完成吧！

① 準備蝴蝶幼蟲喜歡的食草和蜜源植物 〔答案僅供參考〕

我想準備： 芸香科 植物，吸引 鳳 蝶來產卵。

我想準備： 馬利筋 植物，吸引 樺斑 蝶來吸食花蜜。

② 請畫下小小復育區的布置設計

（請自由發揮）

神祕台灣寬尾鳳蝶現身！

亭予姊姊研究追蹤台灣寬尾鳳蝶許久，拍攝到了下面幾張照片，請根據照片上的外觀和行為，填上數字 1-6，排列出台灣寬尾鳳蝶的生命階段。

發現地點：櫟樹樹葉上
外觀描述：像一顆鳥屎，體長大約0.3公分。
1

發現地點：離地面不遠的樹幹上
外觀描述：褐色，以絲線固定在樹幹上。
5

發現地點：櫟樹較隱蔽的葉片上
外觀描述：身體翠綠色，體長大約4.7公分。
3

發現地點：櫟樹樹葉上
外觀描述：更像一顆鳥屎，體長大約2公分，在靠近葉柄的葉表面發現幼蟲吐絲做成的小房子。
2

發現地點：溪水邊地面上
行為描述：成群在地面上吸水。
6

發現地點：長時間待在絲做成的小房子，吃東西時才離開。
外觀描述：身體變成紫色和灰白色，較少活動。
4

120　特有種任務GO!

台灣特有種 The Small Big　121

特有種任務 GO!

水塘大調查

小萍來到一處水塘，發現這水塘的水面布滿了卵萍，水裡長滿金魚藻，請參考彥辰哥哥的保育工作，想一想這是怎麼一回事呢？

代表10000個卵萍

代表100根金魚藻

① 這個水塘裡的生物很少，為什麼呢？
因為藻類生長過剩，遮蔽了陽光，消耗水中的氧氣，壓縮到其他生物生長的空間。

② 這個水塘的生態是平衡的嗎？
☐ 平衡，為什麼？
☑ 不平衡，為什麼？ 藻類生長過剩，生物種類不多樣。

③ 假設這個水塘的生態不平衡，你認為應該做哪些事情改善呢？
（請自由發揮）

兩棲類派對

森林裡舉辦兩棲類派對，不符合資格的不能入場，請你來把關，看看下面哪些生物可以參加派對呢？請在這些生物符合描述的格子裡畫 ✓，不符合的畫 Ｘ。

	青蛙	山椒魚	鱸魚
可以同時住在水裡和陸地	✓	✓	✓
皮膚需要保持濕潤	✓	✓	Ｘ
住的地方不能離水太遠	✓	✓	✓
小時候用鰓呼吸，長大用肺呼吸	✓	✓	Ｘ

你知道誰可以進入兩棲類派對了嗎？
青蛙、山椒魚

The Small Big 台灣特有種 3
跟著公視最佳兒少節目一窺台灣最有種的物種

作　　者　　公共電視《台灣特有種》製作團隊
文字整理　　鄭倖伃
繪　　圖　　傅兆祺

社　　長　　陳蕙慧
副總編輯　　陳怡璇
主　　編　　胡儀芬
特約主編　　鄭倖伃
審　　定　　台灣師範大學生命科學系教授 林思民
行銷企畫　　陳雅雯、尹子麟、張元慧
美術設計　　邱芳芸

出　　版　　木馬文化事業股份有限公司
發　　行　　遠足文化事業股份有限公司（讀書共和國出版集團）
地　　址　　231 新北市新店區民權路 108-4 號 8 樓
電　　話　　02-2218-1417
傳　　真　　02-8667-1065
Ｅｍａｉｌ　　service@bookrep.com.tw
郵撥帳號　　19588272 木馬文化事業股份有限公司
客服專線　　0800-2210-29

印　　刷　　通南彩印刷公司
2020（民109）年 8 月初版一刷
2023（民112）年 7 月初版六刷
定　　價　　320 元
ＩＳＢＮ　　978-986-359-825-1